Idee und Konzeption Rachel Coombs, Nicholas Harris, Sarah Harrison, Sarah Hartley und Emma Helbrough, Orpheus Books Ltd.

Text Nicholas Harris

Fachberatung David Hawksett und Dr. Erich Übelacker

Übersetzung Lioba Schafnitzl

Illustrationen Sebastian Quigley *(Linden Artists),* Gary Hincks

ISBN-10: 3-7886-1441-2
ISBN-13: 978-3-7886-1441-6

INHALT

4 DER STERNENHIMMEL

6 STERNBILDER

8 UNSER SONNENSYSTEM

10 DIE MONDPHASEN

12 DER MOND

14 MERKUR UND VENUS

16 MARS

18 JUPITER

20 SATURN

22 **Uranus und Neptun**

24 **Pluto, Kometen und Asteroiden**

26 **Unsere Sonne**

28 **Die Sterne**

30 **Das Universum**

32 **Index**

Einführung

Unsere Heimat, die Erde, ist nur ein winziger Planet in den dunklen, unermesslichen Weiten des Weltraums. Der nächste Stern ist so weit weg, dass sein Licht über vier Jahre braucht, um zu uns zu gelangen. Dabei legt Licht 300 000 Kilometer in einer Sekunde zurück! Viele Sterne sind noch Milliarden Mal weiter entfernt.

Der Sternenhimmel

Die Sterne stehen Tag und Nacht am Himmel. Aber erst, wenn unser eigener Stern, die Sonne, am Horizont versinkt, können wir sie mit bloßem Auge erkennen. Sterne leuchten selbst. Anders die Kometen, Planeten und Monde: Sie werfen nur das Licht der Sterne zurück. Sternschnuppen oder Meteore nennt man das kurze Aufleuchten winziger Steinchen aus dem All, die in der Erdatmosphäre verglühen.

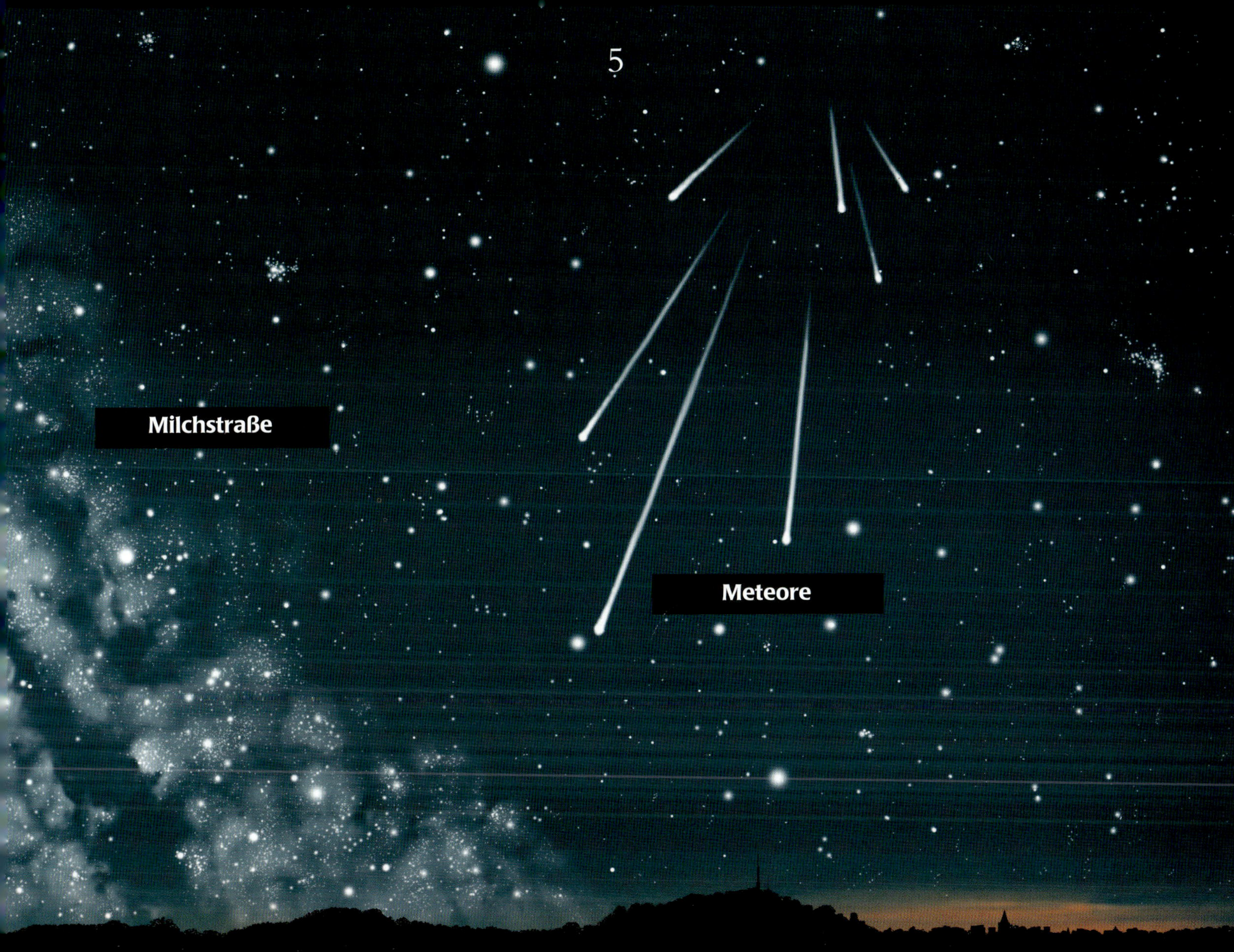

Die Milchstrasse

Alle Sterne, die wir am Nachthimmel sehen, gehören zur Milchstraße, unserer Heimatgalaxie. Sie ähnelt einer flachen Scheibe aus Milliarden von Sternen. Von der Erde aus erscheint einer ihrer spiralförmigen Ausläufer wie ein Nebelband, das sich quer über den Himmel zieht. Unsere Sonne befindet sich etwa in der Mitte auf einem der vier Spiralarme.

Sternbilder

Sterne erscheinen uns als feste Punkte am Himmel. Frühe Sterngucker glaubten in der Anordnung der Gestirne Bilder von Göttern, Helden oder Fabelwesen zu erkennen. Auf der Nordhalbkugel der Erde sehen wir andere Sterne und Sternbilder als im Süden.

ORION, DER HIMMELSJÄGER

Das Sternbild des Orion ist sowohl am nördlichen als auch am südlichen Sternenhimmel sichtbar. Es ist leicht zu erkennen. Drei dicht nebeneinander liegende Sterne bilden den schräg verlaufenden Gürtel, weitere Sterne deuten Schwert und Schild an. Die Sterne des Gürtels weisen zu Sirius, dem hellsten Stern am Himmel.

Unser Sonnensystem

Die Sonne liegt im Zentrum unseres Sonnensystems. Es besteht aus neun Planeten und den sie umkreisenden Monden, aber auch aus Asteroiden, Meteoroiden, Kometen (*siehe S. 25*) und riesigen Gas- und Staubwolken. Die Planeten umkreisen die Sonne gegen den Uhrzeigersinn.

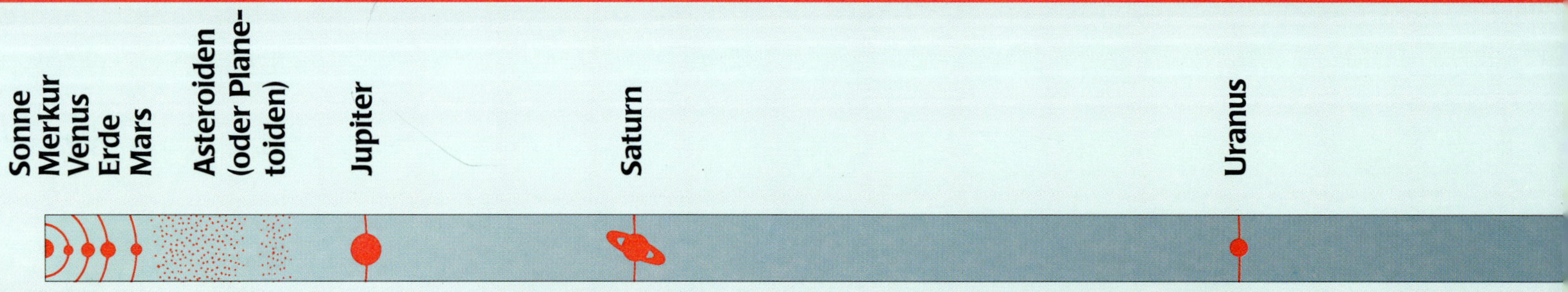

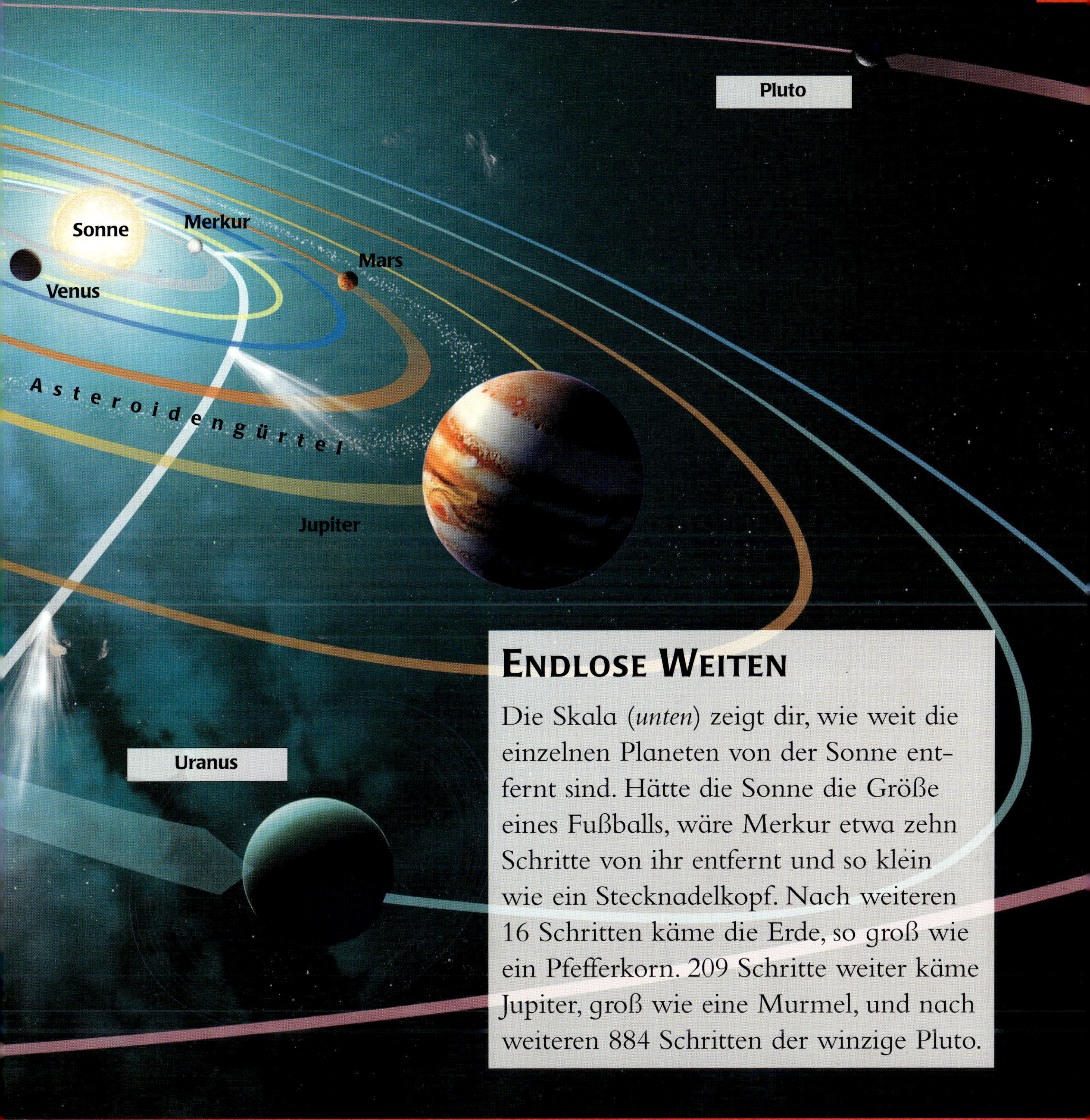

ENDLOSE WEITEN

Die Skala (*unten*) zeigt dir, wie weit die einzelnen Planeten von der Sonne entfernt sind. Hätte die Sonne die Größe eines Fußballs, wäre Merkur etwa zehn Schritte von ihr entfernt und so klein wie ein Stecknadelkopf. Nach weiteren 16 Schritten käme die Erde, so groß wie ein Pfefferkorn. 209 Schritte weiter käme Jupiter, groß wie eine Murmel, und nach weiteren 884 Schritten der winzige Pluto.

Die Mondphasen

Im Weltall ist der Mond unser nächster Nachbar. Sein steiniges und unwirtliches Rund hat nur etwa ein Viertel des Durchmessers der Erde. Der Mond umkreist uns in etwas mehr als 27 Tagen. Dabei zeigt immer die gleiche Mondseite zur Erde.

Wird die gesamte, uns zugewandte Seite des Mondes von der Sonne erleuchtet, sehen wir einen Vollmond.

5 Vollmond

6 Dreiviertelmond

7 Halbmond

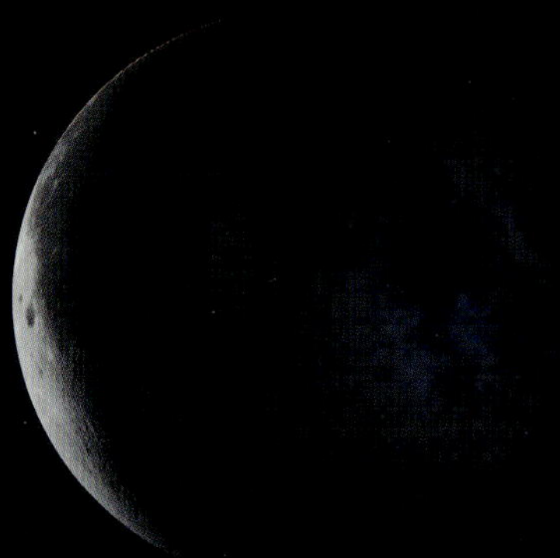

8 Mondsichel

Die Bilder (*oben*) zeigen dir, wie sich der Mond in unseren Augen auf seiner Umlaufbahn um die Erde (*unten*) verändert. Mithilfe der Zahlen kannst du ihn auf seiner 27-tägigen Reise begleiten.

Immer im Wandel

Aus unserer Sicht verändert der Mond Nacht für Nacht seine Form. Tatsächlich ist es aber die von der Sonne erleuchtete Fläche des Mondes, die zu- oder abnimmt. Ist die uns zugekehrte Mondseite von der Sonne abgewandt, sehen wir den Mond überhaupt nicht. Wandert er weiter um die Erde, wird ein immer größerer Teil des Mondes von der Sonne bestrahlt. Wir sehen am Anfang seiner Wanderung eine schmale Sichel, am Ende den Vollmond.

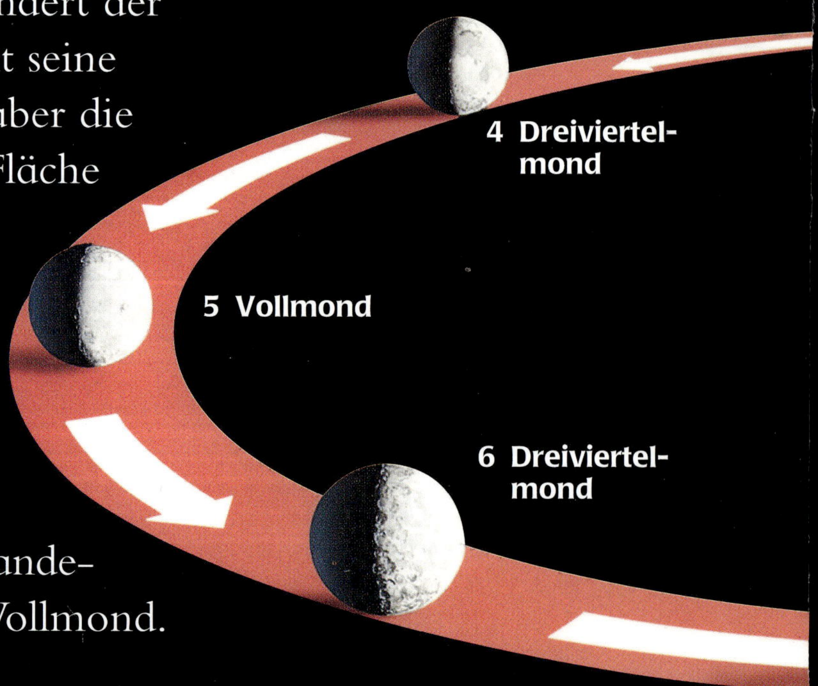

Sonnenfinsternis

Von der Erde aus betrachtet erscheinen Sonne und Mond etwa gleich groß. Schiebt sich der Mond zwischen Sonne und Erde, kann es geschehen, dass wir die Sonne für kurze Zeit gar nicht mehr sehen. Es herrscht eine totale Sonnenfinsternis. Lediglich die äußere Schicht der Sonnenatmosphäre, die Korona, leuchtet hinter dem Mond hervor.

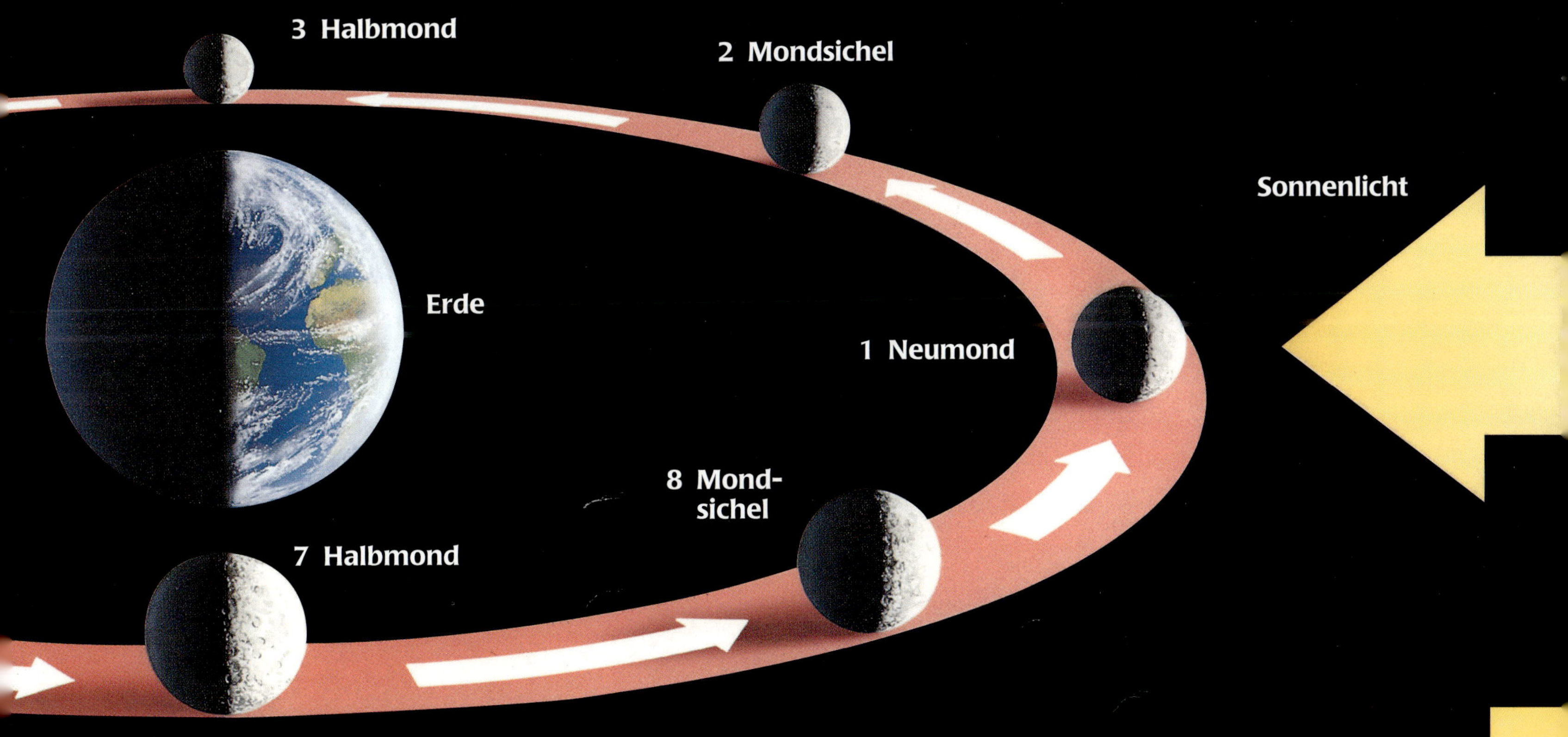

Der Mond

Auf dem Mond gibt es weder Luft noch Wasser oder Erde, nur blankes Gestein. Er ist eine kalte und unwirtliche Welt ohne Leben. Tiere oder Pflanzen können dort nicht gedeihen.

Die felsige Oberfläche des Mondes ist von Kratern durchsetzt. Die meisten entstanden vor Milliarden von Jahren, als Meteoriten (*siehe S. 25*) auf dem Mond einschlugen und riesige Kessel in den Fels gruben.

Als Meteoriten mit großer Wucht auf dem Mond aufprallten, flog Geröll in alle Richtungen. Dabei entstanden typische Streifenmuster an den Kratern. Weil es auf dem Mond keinen Wind gibt, der sie verwehen könnte, blieben diese Streifen über Jahrmillionen unverändert erhalten.

Krater und Mare

Der Mond ist mit Tausenden von Einschlagkratern übersät. Dazwischen liegen große dunkle Flächen aus Lavagestein. Sie entstanden, weil dort einst glutflüssiges Gestein aus dem Mondinnern an die Oberfläche quoll. Früher hielt man die dunklen Ebenen für Meere. Noch heute nennt man sie „Mare“, nach dem lateinischen Wort für Meer.

Mond-Info

Durchmesser:	**3 476 km**
Tagesdauer:	**29,5 Erdentage**
Entfernung zur Erde:	**384 600 km**

MERKUR UND VENUS

Vor Milliarden von Jahren wurde der Planet Merkur von einem gewaltigen Meteoritenhagel getroffen. Tausende von Felsbrocken aus dem All schlugen eine Vielzahl von Kratern in die unwirtliche Gesteinswüste.

Die Venus ist immer von dicken Wolken umhüllt. Diese bestehen nicht aus Wasserdampf, sondern aus feinen Tröpfchen tödlicher Schwefelsäure. Atmen ist auf der Venus unmöglich. Ihre Atmosphäre besteht fast ganz aus Kohlendioxid.

Auf der Venus gibt es Tausende von Vulkanen. Glutheiße Gesteinsströme haben lange Kanäle in den Boden gegraben. Die so genannten Pfannkuchen-Vulkane der Venus sind klein und kuppelförmig. Sie entstanden dort, wo flüssiges Gestein (Lava) aus dem Inneren des Planeten langsam an die Oberfläche quoll und abkühlte.

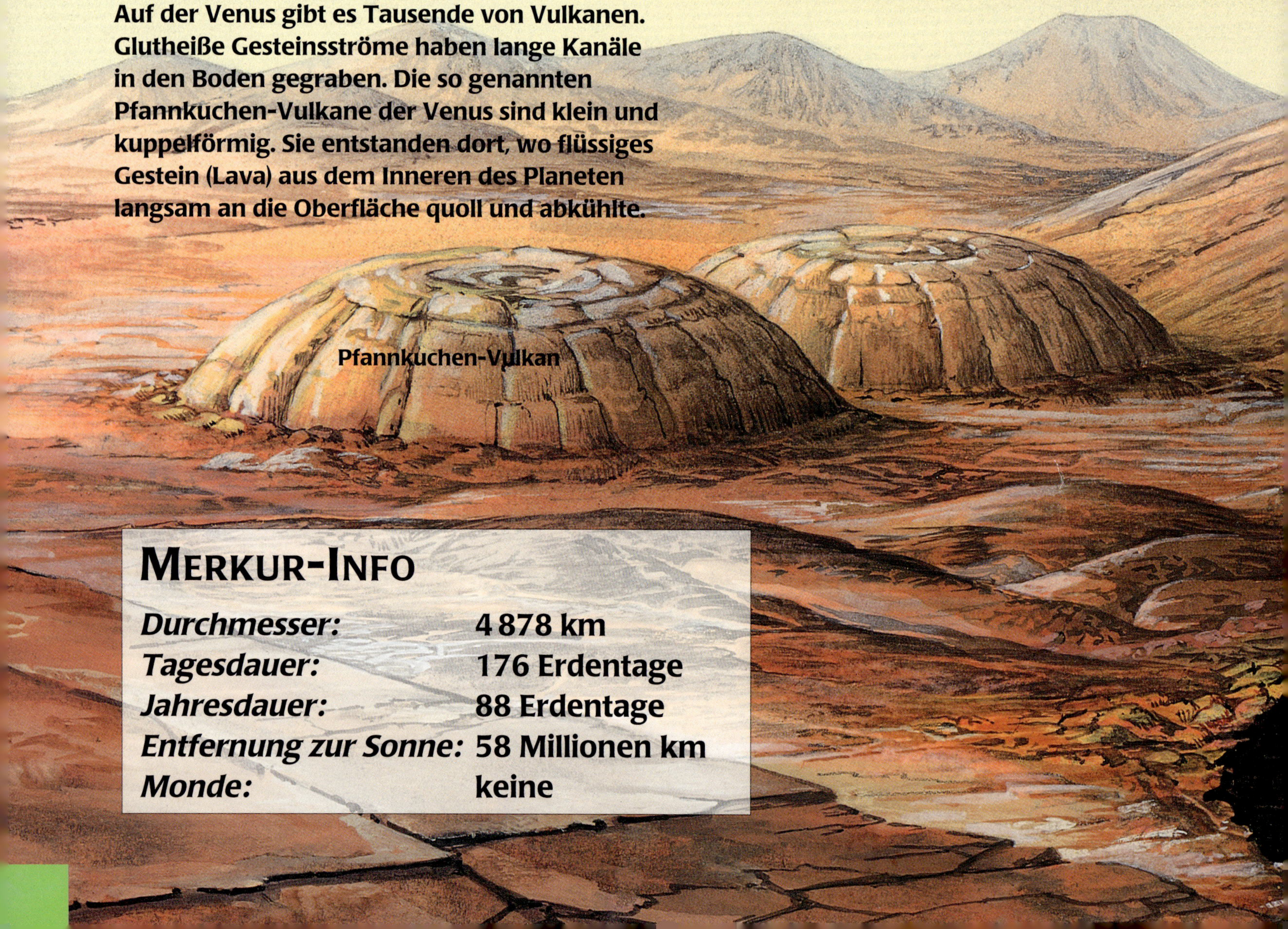

MERKUR-INFO

Durchmesser:	**4 878 km**
Tagesdauer:	**176 Erdentage**
Jahresdauer:	**88 Erdentage**
Entfernung zur Sonne:	**58 Millionen km**
Monde:	**keine**

HÖCHSTTEMPERATUREN

Am heißesten ist es in unserem Sonnensystem auf der Venus. Ihre dichte Atmosphäre und die Gaswolken, die sie umhüllen, lassen die Hitze nicht entweichen. Die Temperatur auf der Oberfläche liegt stets bei etwa 470 Grad Celsius. Damit würde auf der Venus sogar Blei schmelzen. Unerträglich heiß ist es auch auf dem Merkur – doch nur tagsüber. Nachts können die Temperaturen dort auf bis zu 180 Grad Celsius unter null fallen.

VENUS-INFO

Durchmesser:	**12 103 km**
Tagesdauer:	**117 Erdentage**
Jahresdauer:	**225 Erdentage**
Entfernung zur Sonne:	**108 Millionen km**
Monde:	**keine**

Mars

Mit seinen Tälern und Vulkanbergen ist unser Nachbarplanet Mars der Erde am ähnlichsten. Man kann dort sogar vier Jahreszeiten unterscheiden. Zwar sind die Temperaturen meist etwas niedriger als bei uns, doch der Marssommer kann sehr heiß werden. Forscher schließen nicht aus, dass es einst Lebewesen auf dem Mars gab. Trockene Flussläufe und Meeresküsten deuten darauf hin, dass dort früher einmal Wasser floss. Wasser ist die Grundlage allen Lebens.

Diese Abbildung zeigt eine typische Marslandschaft. Die Vulkanflanken sind von schmalen Kanälen durchzogen. Sie sind wahrscheinlich durch Wasserläufe entstanden.

Der Rote Planet

Der Mars ist von einer roten Staubschicht bedeckt. Man nennt ihn deshalb auch den „Roten Planeten". Hin und wieder, wenn heftige Stürme den Staub fortwirbeln, wird dunkles Gestein sichtbar. Wie auf der Erde sind Nord- und Südpol auf dem Mars von Eis bedeckt. Dieses Eis besteht zum Teil aus gefrorenem Wasser.

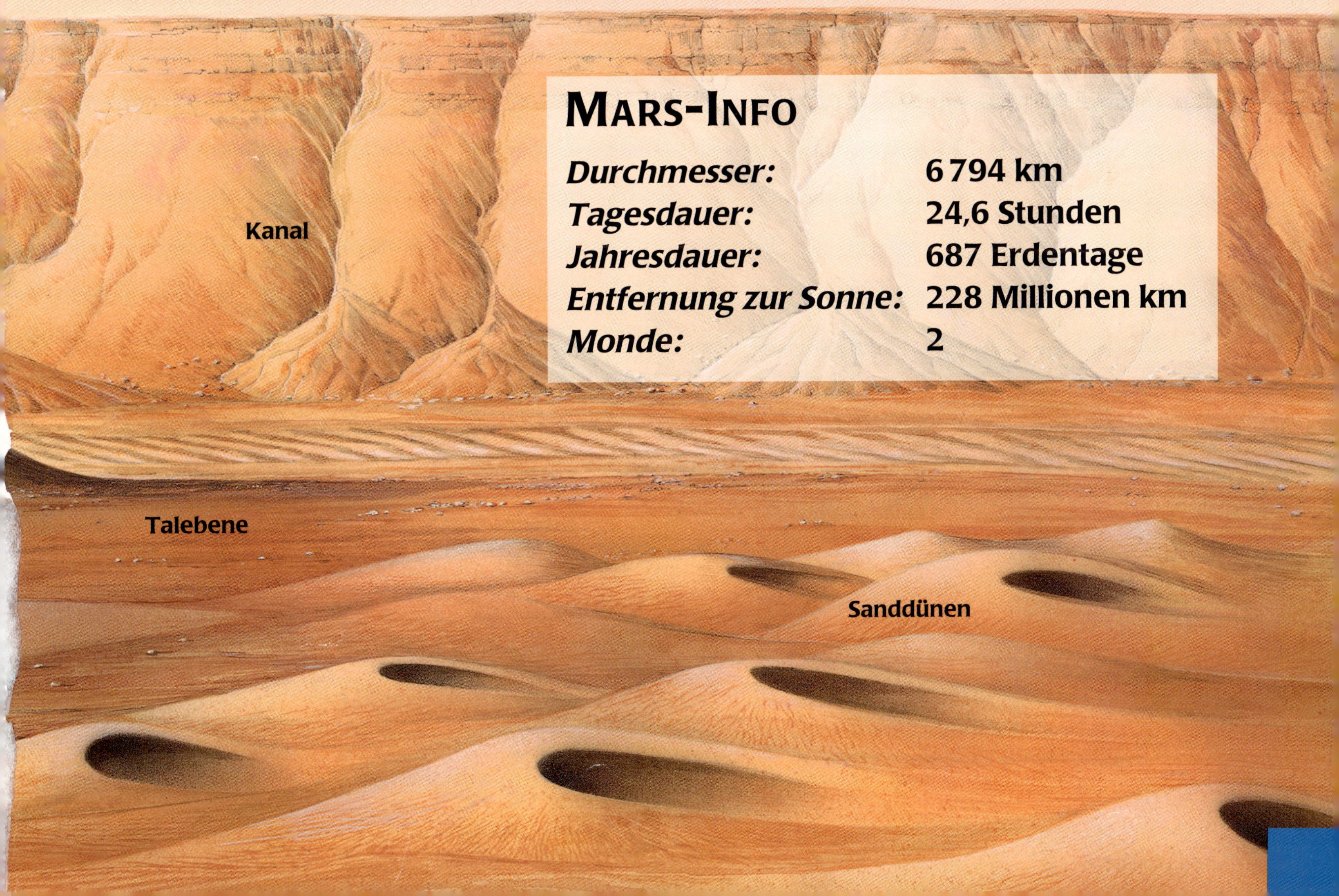

Mars-Info

Durchmesser:	**6 794 km**
Tagesdauer:	**24,6 Stunden**
Jahresdauer:	**687 Erdentage**
Entfernung zur Sonne:	**228 Millionen km**
Monde:	**2**

Jupiter

Von allen Planeten unseres Sonnensystems ist Jupiter der größte. Er besitzt keine feste Oberfläche. Wie Saturn, Uranus und Neptun ist er ein riesiger Gasplanet. Die typischen weißen und braunen Streifen sind Wolken, die um den Planeten herumwirbeln und unablässig Stürme erzeugen.

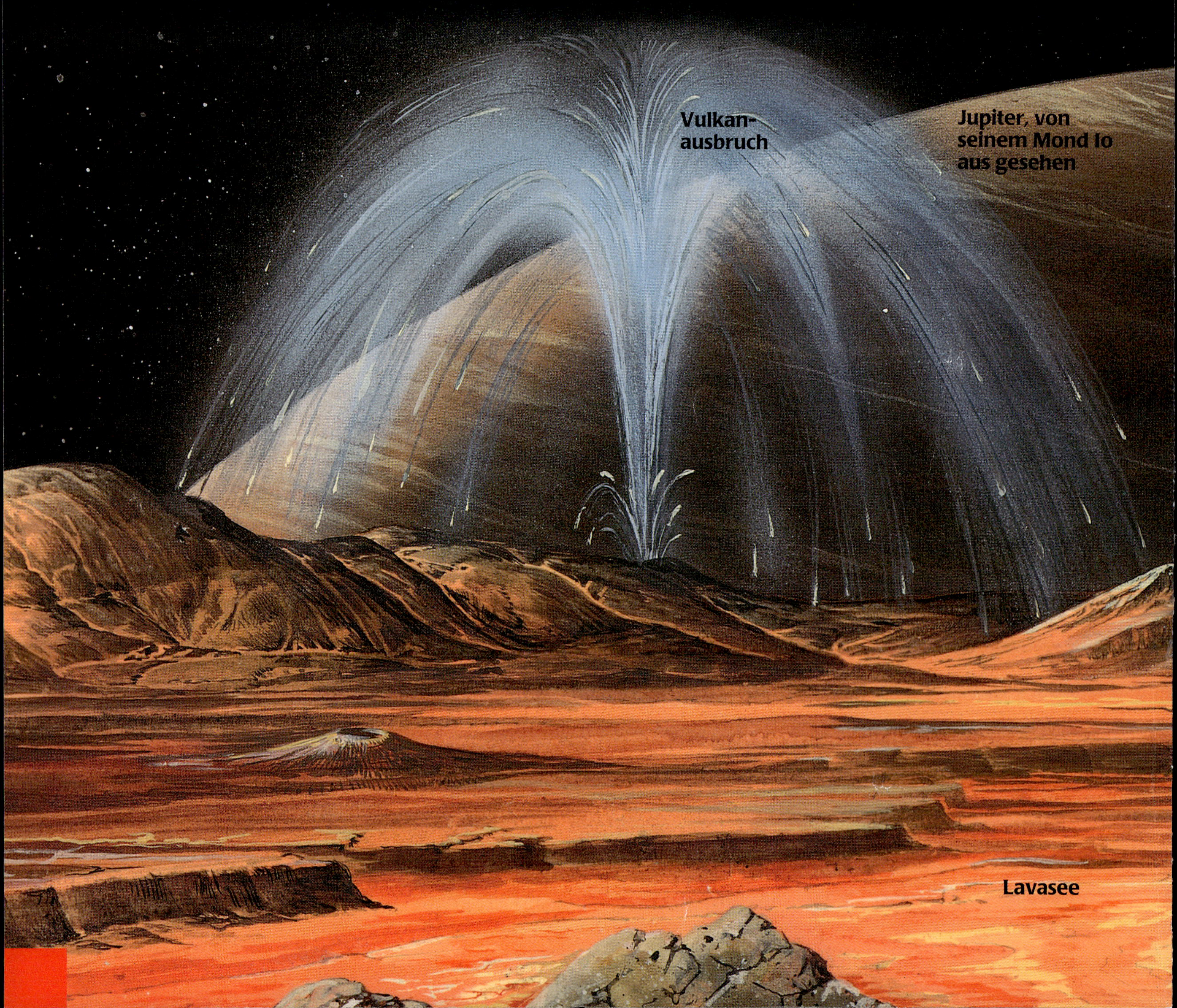

Der grösste Planet

Jupiter ist so riesig, dass die Erde 1 300 Mal in ihm Platz fände. Damit ist er größer als alle anderen Planeten unseres Sonnensystems zusammen. Der große rote Fleck auf seiner Oberfläche ist ein gewaltiger Sturm. Er wütet bereits seit 300 Jahren.

Jupiter-Info

Durchmesser:	**142 884 km**
Tagesdauer:	**9,8 Stunden**
Jahresdauer:	**11,8 Erdjahre**
Entfernung zur Sonne:	**778 Millionen km**
Monde:	**63 (im Jahr 2005)**

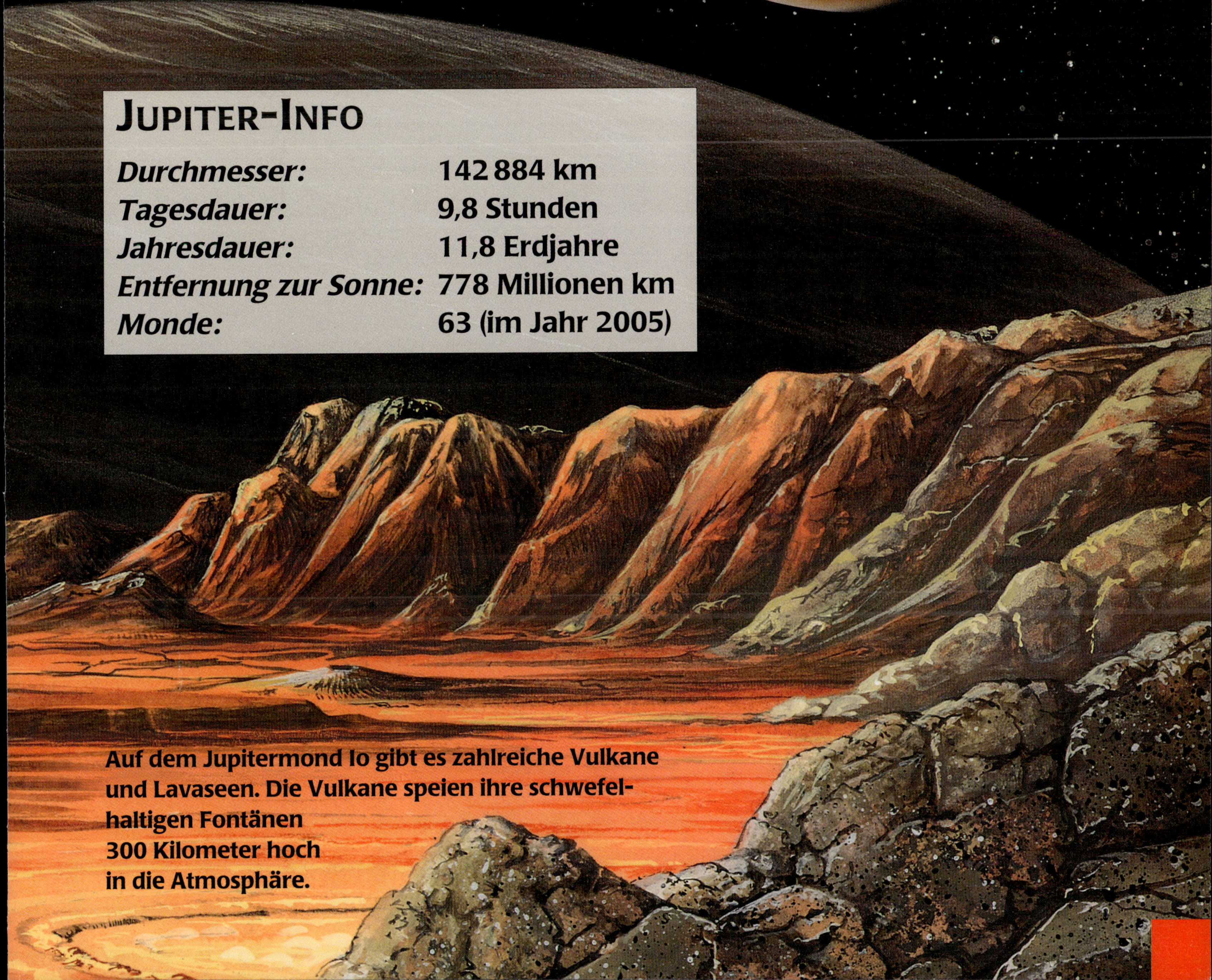

Auf dem Jupitermond Io gibt es zahlreiche Vulkane und Lavaseen. Die Vulkane speien ihre schwefelhaltigen Fontänen 300 Kilometer hoch in die Atmosphäre.

SATURN

Saturn ist nach Jupiter der zweitgrößte Planet. Auch er besteht aus Gasen, die zur Mitte hin verflüssigt sind. Typisch für Saturn sind die eindrucksvollen Ringe, die ihn umkreisen. Mit einem Fernrohr sind sie von der Erde aus deutlich zu sehen. Der äußere Ring ist durch einen Spalt von den beiden inneren getrennt. Die großen Ringe setzen sich aus einer Vielzahl einzelner schmälerer Ringe zusammen. Sie bestehen aus Eis- und Gesteinsklumpen.

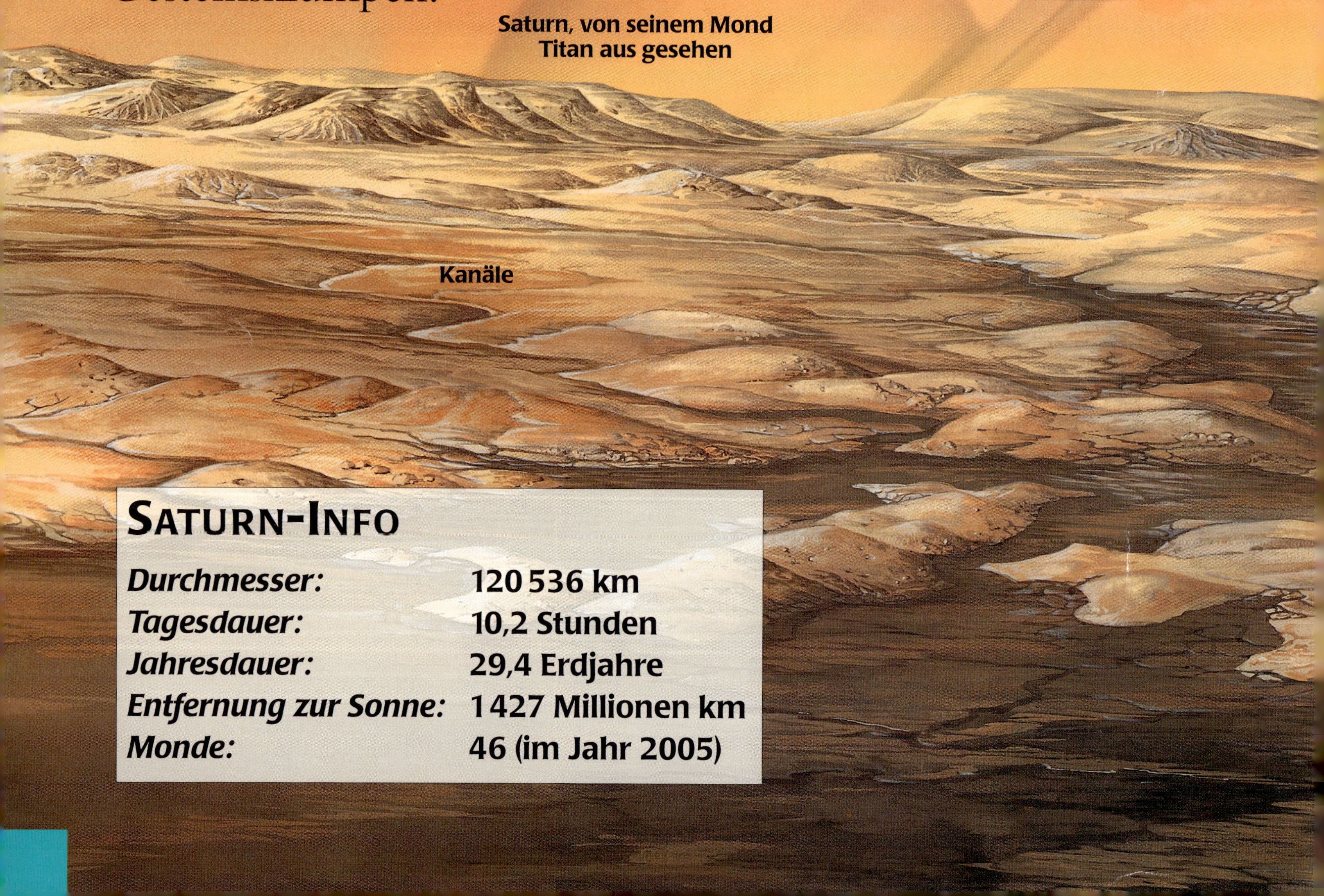

Saturn, von seinem Mond Titan aus gesehen

SATURN-INFO

Durchmesser:	120 536 km
Tagesdauer:	10,2 Stunden
Jahresdauer:	29,4 Erdjahre
Entfernung zur Sonne:	1 427 Millionen km
Monde:	46 (im Jahr 2005)

Die Saturnringe haben einen Durchmesser von 275 000 km, sind aber nur etwa 100 m dick.

Ring-Planet

Wie Jupiter dreht sich Saturn sehr schnell um die eigene Achse. Dadurch ist der Planet zu den Polen hin abgeplattet. Gewaltige Stürme toben auf seiner Oberfläche. Seine Dichte ist geringer als die von Wasser. Fände man eine Badewanne, die groß genug wäre, würde Saturn darin schwimmen.

Der größte Saturnmond Titan ist der einzige Mond unseres Sonnensystems, der eine dichte Atmosphäre aufweist. Im Januar 2005 entsandte die Raumsonde Cassini die Landekapsel Huygens auf den Saturnmond. Diese nahm Bilder einer Landschaft mit Kanälen und Seen auf. Forscher vermuten, dass sie mit flüssigem Methan gefüllt sind. Die Ufer bedeckt eine dunkle teerähnliche Substanz.

Uranus und Neptun

Auch Uranus ist ein gewaltiger Gasplanet. Seine Oberfläche zeigt keinerlei Strukturen aus Wolken oder Gestein. Seine Achse ist geneigt, sodass sich erst die eine, dann die andere Seite des Planeten auf der Umlaufbahn für jeweils 42 Erdjahre der Sonne zuwendet.

Uranus-Info

Durchmesser:	**51 118 km**
Tagesdauer:	**17,2 Stunden**
Jahresdauer:	**84 Erdjahre**
Entfernung zur Sonne:	**2 869 Millionen km**
Monde:	**25 (im Jahr 2005)**

Der blaue Gasplanet

Wie Uranus ist auch Neptun ein blauer Gasplanet. Auf seiner Oberfläche kann man nur vereinzelt Wolkenfetzen erkennen. Sie umkreisen den Planeten mit einer Geschwindigkeit von 2000 Kilometern pro Stunde. Sowohl Uranus als auch Neptun haben kaum erkennbare dunkle Ringe.

Neptun-Info

Durchmesser:	**50538 km**
Tagesdauer:	**16,1 Stunden**
Jahresdauer:	**164,8 Erdjahre**
Entfernung zur Sonne:	**4497 Millionen km**
Monde:	**17 (im Jahr 2005)**

Tiefe Gebirgsschluchten, hoch aufragende Klippen, lang gezogene Furchen und gewaltige Krater kennzeichnen die Oberfläche des Uranusmondes Miranda.

Pluto, Kometen und Asteroiden

Pluto wurde erst im Jahr 1930 entdeckt. Er ist der kleinste, kälteste und entfernteste Planet unseres Sonnensystems. Auf Pluto ist die Sonne so weit weg, dass sie nur wie ein heller Stern erscheint. Unter dem ewigen Eis ist die Oberfläche des Planeten wahrscheinlich von Kratern übersät. Sein einziger Mond Charon ist etwa halb so groß wie Pluto selbst.

Charon

Pluto-Info

Durchmesser: **2 324 km**
Tagesdauer: **6,4 Erdentage**
Jahresdauer: **248 Erdjahre**
Entfernung zur Sonne:
5 906 Millionen km
Monde: **1**

Schmutzige Schneebälle

Kometen sind Klumpen aus Eis und Staub. Ähnlich wie die Planeten umkreisen auch sie die Sonne. In Sonnennähe verdampft das Eis und bildet einen langen leuchtenden Schweif aus Gas und Staub, der immer von der Sonne weg-zeigt.

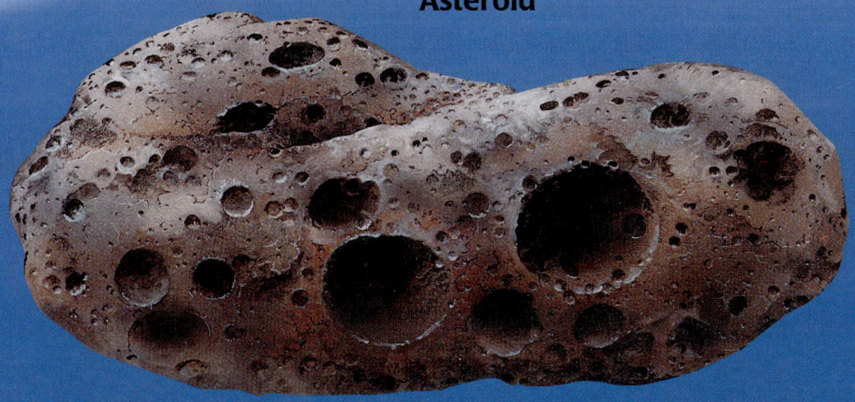

Asteroiden

Tausende von kartoffelförmigen Gesteins- oder Metallbrocken umkreisen die Sonne auf einer Bahn zwischen Mars und Jupiter. Diese Asteroiden sind vielleicht die Überreste eines Planeten, der vor Milliarden von Jahren auseinander brach. Auch die Bruchteile dieser Asteroiden, so genannte Meteoroiden, bewegen sich rasend schnell in unserem Sonnensystem. Fallen sie auf die Erde hinab, nennt man sie Meteoriten.

Unsere Sonne

Verglichen mit anderen Sonnen zählt unser „Heimatstern“ zu den Zwergen. Im Verhältnis zu den Planeten ist die Sonne jedoch riesig. In ihrem Kern erzeugt sie unaufhörlich gewaltige Energiemengen, die in unser Sonnensystem abgestrahlt werden. Licht und Wärme der Sonne sind für das Leben auf der Erde unerlässlich.

Bisweilen ragen riesige Lichtbögen, so genannte Protuberanzen, über die Sonnenoberfläche hinaus. Unsichtbare magnetische Kräfte erhalten sie aufrecht.

Sonnen-Info

Durchmesser:
1 400 000 km
Dauer einer Achsenumdrehung:
25,4 Erdentage
Oberflächentemperatur:
5 500 Grad Celsius

So genannte *Flares* sind gewaltige Strahlungsausbrüche auf der Sonnenoberfläche. Sie erstrecken sich unter Umständen Millionen von Kilometern in den Weltraum.

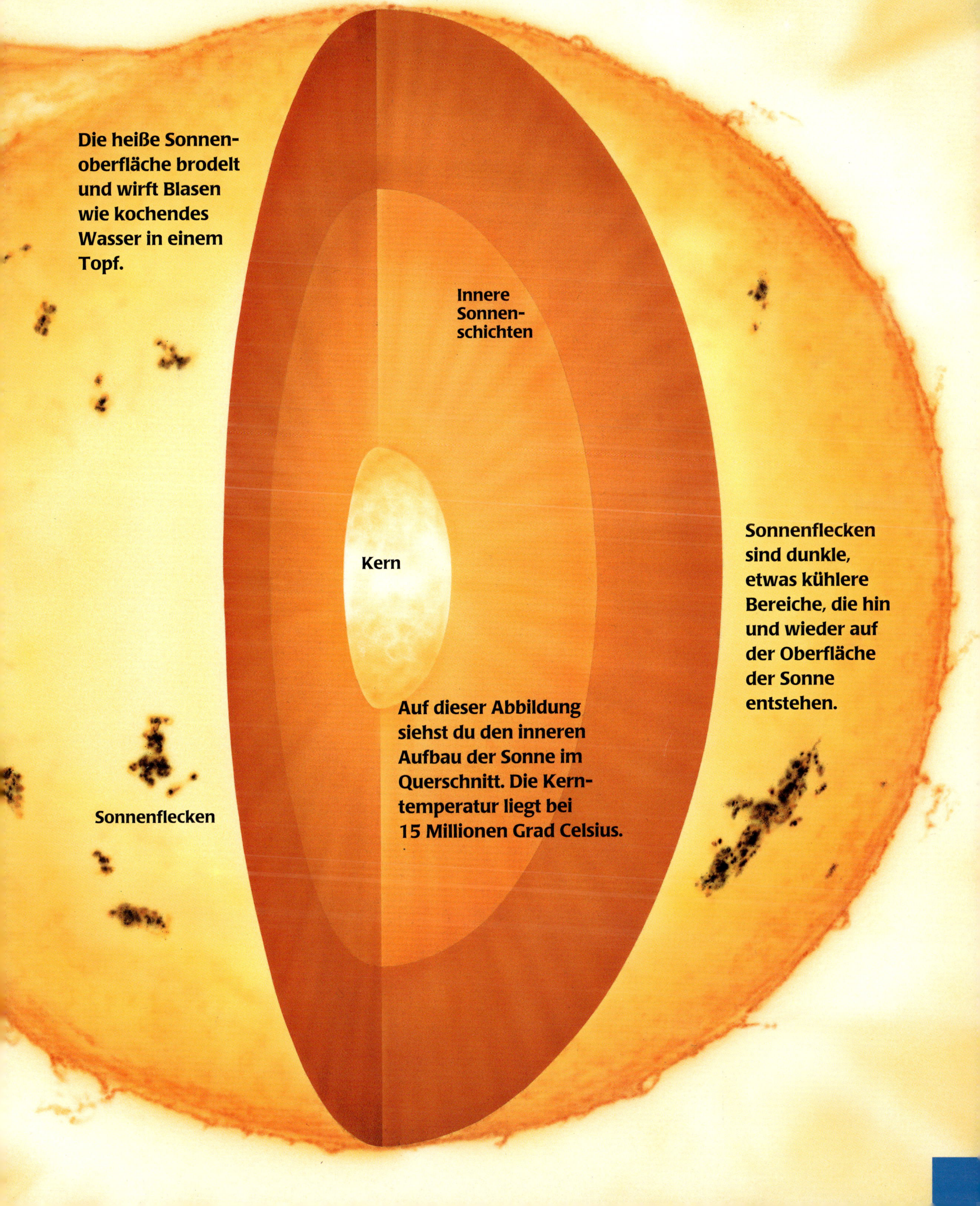

Die heiße Sonnenoberfläche brodelt und wirft Blasen wie kochendes Wasser in einem Topf.

Auf dieser Abbildung siehst du den inneren Aufbau der Sonne im Querschnitt. Die Kerntemperatur liegt bei 15 Millionen Grad Celsius.

Sonnenflecken sind dunkle, etwas kühlere Bereiche, die hin und wieder auf der Oberfläche der Sonne entstehen.

Die Sterne

Sterne, wir nennen sie auch Sonnen, sind glühend heiße, wirbelnde Gasbälle. Sie strahlen gewaltige Energiemengen in Form von Licht und Wärme ab. Überall im Universum lassen sich vielfarbige Wolken aus Gas und Staub beobachten. Diese prächtigen bunten Sternennebel sind die Geburtsstätten neuer Sterne.

Riesen und Zwerge

Sterne haben unterschiedliche Farben und Größen. Der große Stern auf dieser maßstabsgetreuen Abbildung ist der rote „Superstar“ Betelgeuse. Daneben siehst du die blauen Riesen Rigel und Polaris (den Polarstern). Der kleine gelbe Punkt ist unsere Sonne (ein gelber Zwerg).

Das Universum

Das Universum ist unvorstellbar groß. Alles, was uns umgibt, alle Dinge, die wir kennen, vom kleinsten Wurm bis zum Riesenstern, sind Teil des Universums, und auch der leere Weltraum. Die Geburtsstunde des Universums schlug wahrscheinlich vor rund 14 Milliarden Jahren mit einer gigantischen Explosion, dem Urknall. Seither dehnt sich das Weltall in alle Richtungen immer weiter aus.

Galaxien

Im Universum gibt es Milliarden von Galaxien. Jede von ihnen ist ein wirbelnder Knäuel aus Milliarden von Sternen. Galaxien sind nicht gleichmäßig im Weltraum verteilt, sondern in Haufen angeordnet. Unser Sonnensystem gehört zur Milchstraßen-Galaxie (*siehe S. 5*), die zusammen mit etwa 30 anderen Galaxien zur so genannten Lokalen Gruppe gezählt wird. In dieser findet man unterschiedliche Galaxientypen: Spiralgalaxien (wie die Milchstraße), Balkenspiralgalaxien, oval geformte Elliptische Galaxien und Irreguläre (unregelmäßige) Galaxien ohne feste Form.